ALIMENTACIÓN

EN PACIENTES

EN PROGRAMA

DE

HEMODIÁLISIS

INDICE

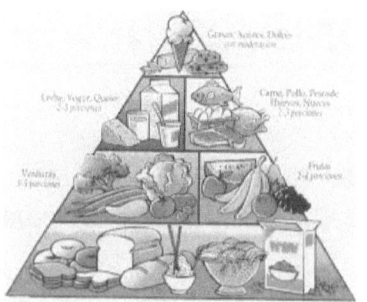

1.- INTRODUCCIÓN:

Sabemos que la dieta es parte fundamental del tratamiento en los pacientes en hemodiálisis.

Esta dieta supone un gran cambio en sus hábitos, por lo que es difícil de aceptar, asumir y sobre todo ponerla en práctica.

Todo ello crea preocupación, inquietud e incluso incomodidad tanto en el paciente como en su familia.

La información relacionada con la dieta se les da a los pacientes tanto de forma escrita, al inicio del tratamiento, como oral cada vez que lo solicitan o nosotras valoremos necesario.

A pesar de ello, los incumplimientos dietéticos son frecuentes y favorecen la aparición de problemas y complicaciones a corto y largo plazo.

Ante esta situación, las autoras de este trabajo, nos propusimos elaborar una Guía de Alimentación escrita , estructurada, y adaptada a su lenguaje, que además fuera completa, amena y didáctica.

De esta manera, el paciente con mas información aprende a conocer los alimentos y a la combinarlos, haciendo posible la elaboración de una dieta amplía, variada y equilibrada.

2.- PROGRAMA DE EDUCACION SANITARIA DEL PACIENTE EN HEMODIALISIS.

La Educación Sanitaria es una actividad de enfermería, a través de la cual el profesional cubre una necesidad determinada para el paciente que atiende.

Virginia Henderson sostiene la siguiente afirmación: «Para tener salud es necesario disponer de información. No se puede tener salud, si no se sabe cómo conservarla, mantenerla o recuperarla».

Sin embargo, para que la educación y el aprendizaje sean eficaces se precisa, además de las fuentes de información, la participación activa del paciente. En general al inicio del tratamiento es la ocasión idónea para llevar a término el proceso de educación.

El tiempo que la enfermera permanece con el paciente y la familia, ya sea en el hospital o en el domicilio durante la realización de la hemodiálisis, permite disponer de mayor número de oportunidades para compartir los conocimientos con el paciente y mejorar o cambiar la conducta de éste y de su familia frente a las demandas de tratamiento y sus obligaciones sociales.

La educación sanitaria debe desarrollarse a través de un proceso sistemático individualizado y colectivo, que le permita al paciente:

1. Saber definir la IRC, las causas más comunes y la sintomatologia más frecuente.

2. Conocer las diferentes prescripciones medicamentosas en la IRC.

3. Conocer las restricciones dietéticas.

4. Conocer las técnicas de cuidados cutáneos, higiene bucal y fístulas. S. Explicar las diferentes opciones de tratamiento sustitutivo (HD, CAPQ trasplante).

6. Saber mantenerse en forma en todas las esferas.

La enfermera debería disponer de métodos que le permitan informar y adiestrar al paciente al mismo tiempo que realiza la sesión de hemodiálisis.

Al describir a los pacientes sometidos a H. D. Landeman emplea la frase «hombre marginal», un individuo que no está ni enfermo ni sano. Se espera que asuma el papel de paciente, en cuanto a que se espera de él una conformidad con el mismo; pero también se espera que esté bien y reanude muchas de sus actividades previas.

El grado de aceptación por parte del paciente se verá condicionado por la dificultad de adaptación a un régimen de vida con graves restricciones físicas y psicosociales. Callista Roy en su Teoría del Nivel de Adaptación nos dice: «el comportamiento de un paciente será más positivo cuanto menos discrepancias existan entre el nivel de estímulo al que el paciente debe responder y todos los demás factores de influencias».

Por lo tanto, una de las tareas con las que se enfrenta el enfermo crónico es hacer un balance entre las demandas del tratamiento y las demandas de su estilo de vida.

Actualmente, en la práctica diaria, con frecuencia observamos en nuestros pacientes actuaciones que conducen a complicaciones por falta de cumplimiento, tales como el olvido de la medicación y el desconocimiento de las normas dietéticas, son las principales causas del incumplimiento de la dieta y transgresiones que conlleva.

La edad de los pacientes, el grado de catabolismo, la obesidad, el tipo y duración de la hemodiálisis, patologías sobreañadidas y el entorno social son factores influyentes en el correcto equilibrio nutricional.

La educación dietética en estos pacientes es la base fundamental del programa de educación sanitaria, ya que, una nutrición adecuada contribuye al mejor mantenimiento de los pacientes sometidos a HID.

2.1.- OBJETIVO

El objetivo de este trabajo es presentar los procedimientos de enfermería en un programa de educación sanitaria para pacientes en hemodiálisis en un estudio prospectivo multicentro. Dicho programa de educación pretende:

1. Proporcionar la información adecuada.

2. Ayudar al paciente a aceptar su situación.

3. Evitar los errores o la falta de cumplimiento.

4. Proporcionar un instrumento que permita un mejor seguimiento y control del régimen de vida.

2.2.- MATERIAL Y METODOS

Este programa va dirigido a todos los pacientes en programa de hemodiálisis, durante 0 + /- 11 años, en los cuales se había apreciado una alteración en su cuidado dietético.

La metodología del programa se basa en el proceso de atención de enfermería y especialmente en sus diagnósticos y actividades. Pretende detectar, analizar y resolver los problemas de los pacientes al tiempo que se les proporciona información.

2.3.-FASES DEL PROCESO

A) VALORACION DEL PACIENTE

Entrevista y recogida de datos para conocer su grado de información y capacidad de aprender.

- Grado de información:
- Los requerimientos nutricionales esenciales diarios.
- Composición de los alimentos.
- Cómo preparar los alimentos.
- Cómo se planifica una dieta equilibrada.
- Cómo adecuar la nutrición a los recursos económicos.
- El efecto fisiológico de la dieta.
- Los síntomas que indican una mala regulación de la dieta.
- Cómo adaptar su dieta a sus propios hábitos alimentarios.

- Cómo adaptar su dieta a los productos típicos de su régimen.
- Cómo adaptarse a las tradiciones gastronómicas (alimentos propios de celebración).
- Cómo adaptar su dieta a otras características físicas personales (obesidad, mala dentadura, etc.).
- Cómo adaptar su rol social dentro del ámbito de la familia y la comunidad.

Las preguntas del paciente indican que necesita información adicional, aclaración o confirmación de sus conocimientos, sobre sus necesidades nutricionales.

La falta de preguntas por parte del paciente, indica que no desea información o no reconoce la necesidad de ella.

B) DIAGNOSTICOS DE ENFERMERIA

1. Falta de conocimientos sobre la nutrición equilibrada.
2. Falta de conocimientos para seguir la dieta con independencia.
3. Falta de conocimientos para manipular adecuadamente los alimentos.
4. PLAN DE EDUCACION DIETETICA
1. Enseñar los principios básicos de nutrición.
2. Enseñar a preparar comidas equilibradas.

3. Recomendar un horario regular de comidas.

4. Explicar cómo se mantiene la máxima capacidad nutritiva de los alimentos.

5. Explicar cómo se elimina la composición peligrosa de algunos elementos.

6. Enseñar los síntomas derivados de una nutrición inadecuada.

7. Concienciar al paciente en pesar los alimentos.

8. Explicar la necesidad de incrementar o disminuir la nutrición en situaciones específicas.

9. Instruir para comer sólo los alimentos prescritos y en las cantidades indicadas.

10. Explicar la diferencia entre restricción de sal y de sodio.

C) OBJETIVOS DEL PACIENTE

1. Conseguir modificar el incumplimiento de las normas nutricionales recomendadas.

2. Obtener respuesta verbal correcta de la información transmitida.

3. Obtener los valores de BUN, creatinina, Na, K, Ca y P dentro de los límites deseables.

4. Conseguir el aumento de peso interdiálisis sin sobrepasar el 4 % de peso corporal.

5. Adiestrar al paciente en la elaboración de sus menús.

D) DESARROLLO DEL PLAN DE EDUCACION DIETETICA

1. Audiovisuales, folletos, películas, material impreso.
2. Autocontrol (libreta, registro propio).
3. Recetas de cocina.
4. Juego de naipes.

JUEGO DE NAIPES

Está formado por 32 cartas distribuidas en cuatro grupos de 8 cartas cada uno de ellos.

FORMATO DE LA CARTA

La carta está distribuida en 5 partes:
1. COLOR: rojo (alimentos prohibidos), amarillo (alimentos perjudiciales), verde (alimentos utorizados) y azul (líquidos).
2. ENUNCIADO del tipo de alimento o líquido y los más significativos de cada uno de ellos.
3. GRAFICO del alimento.
4. CARACTERISTICAS DIETETICAS en 100 grs o ración: cantidad de sodio, cantidad de potasio, alorías y cantidad permitida a consumir.
5. CONSEJOS DIETETICOS para controlar la alimentación de los pacientes en HID.

REGLAS DEL JUEGO

Gana el jugador que consigue reunir el mayor número de cartas. Para ello se sitúa el mazo en medio de la mesa, cada jugador toma una carta del mazo. El mano elige la característica de la carta que considere que será la más alta o la más baja de las cartas en juego, el jugador que tenga la carta que cumpla este requisito de forma más óptima, gana la baza y se queda las cartas de la baza, que pasan a incrementar su propio mazo. Los jugadores vuelven a coger otra carta del mazo central y es mano el que haya ganado la baza anterior. El juego finaliza cuando las cartas del mazo se agotan.

E) EVALUACION DEL PLAN DE EDUCACION DIETETICA

La enfermera interrogará verbalmente al enfermo acerca del contenido explicado y el paciente responderá y expresará sus preocupaciones, determinando el nivel de seguimiento del plan terapéutico descrito por parte del paciente, lo que indicará el nivel de conocimientos desarrollados y los confrontará con los objetivos prefijados para asegurar el mantenimiento del cambio de conducta deseada.

RESULTADOS

Al ser un estudio prospectivo como decíamos en el objetivo de este trabajo, no podemos dar resultados definitivos en estos 103 pacientes incluidos en nuestro programa. Aunque si podemos comunicar la aceptación de los diferentes procedimientos B juego de naipes despertó una motivación a sentir la necesidad de **seguir la dieta, al** tiempo que fomentaron su relación entre ellos.

Las enfermeras utilizan dichos procedimientos como utensilio de refuerzo en las constantes dudas que les plantean los pacientes.

CONCLUSION

El mantener un programa de educación sanitaria que permita al paciente su autocuidado y autocontrol, son actividades que configuran lo más especifico de nuestra profesión, lo que la identifica y singulariza, por ello, son susceptibles de investigación y constituyen una parte importante del contenido conceptual, científico y técnico de enfermería.

Metodología: Material y método:

Antes de elaborar esta Guía de Alimentación analizamos el nivel de conocimientos relacionados con la dieta que poseen nuestros pacientes en la actualidad, mediante una encuesta.

Estudio descriptivo transversal, realizado en la unidad de Hemodiálisis de nuestro centro durante el periodo entre Enero-Marzo 2004.

A todos los enfermos (n = 52), se les entregó la encuesta, previamente elaborada por nosotras, que constaba de 15 preguntas cerradas con 4 posibles respuestas. Se les entregó de manera personal informándoles que su realización era anónima y voluntaria, y que el objetivo era valorar los conocimientos que poseían en relación a la dieta.

Resultados:

De las 52 encuestas entregadas recibimos 48 cumplimentadas.

Los resultados obtenidos son: 83% de los pacientes consideran importante la dieta en Hemodiálisis, 52% de los pacientes consideran que la información recibida es buena, mientras que el 48% restante la consideran insuficiente o difícil de entender.

El 77% conocen la importancia de la restricción de líquidos y cómo controlarlos, 89% saben porque es importante comer sin sal, 77% saben que el Potasio es un elemento importante y sus riesgos, mientras que sólo un 53% señala los alimentos que lo contienen, 75% saben la manera de disminuir el Potasio de los alimentos.

Respecto al Fósforo el 56% de los pacientes conocen los problemas relacionados con él y los alimentos que lo contienen. 66% destacan que es importante la ingesta de proteínas, frente al 91% que desconocen que pueden comer grasas e hidratos de carbono como en una dieta normal.

A la vista de los resultados, y viendo que aunque la mayoría conocen de manera general aquellos alimentos que deben controlar, sin embargo no saben como combinarlos. Por esto nos proponemos la elaboración de una Guía de Alimentación orientada a la combinación de los diferentes alimentos, la forma de cocinarlos, más que a la restricción total de los mismos.

A modo de resumen presentamos la Dieta Modelo incluida en nuestra Guía de Alimentación:

Conclusiones:

En líneas generales destacamos que nuestros pacientes conocen la importancia de la dieta, la restricción de líquidos y de sal. Pero un elevado número de ellos desconocen como elaborar una dieta adaptada a sus gustos y preferencias, dentro de las limitaciones dietéticas derivadas de su I.R.C.

Con la elaboración de esta Guía de Alimentación pretendemos que nuestros pacientes sepan cómo preparar una dieta equilibrada, variada y adaptada a sus gustos y costumbres.

3.- DIETA EN HEMODIÁLISIS

A) DESAYUNO:
- 150 cc. de leche sola o con café, té, malta o sucedáneos
- 1 yogourth
- Galletas tipo María (5 galletas)
- Pan blanco sin sal 40 gr. _sólo o con margarina
- Pan tostado sin sal 30 gr _y/o 25gr mermelada

B) COMIDA:

Primeros Platos:
- 3 días a la semana: Arroz o Pasta.
- 3 días a la semana: * Verduras: * 200 gr (Grupo 1)
- 150 gr (Grupo 2)
- Ensalada * 200 gr (Grupo 3)
- 150 gr (Grupo 4)
- 1 día a la semana: Legumbres 60 gr

Segundos Platos:
- Huevos (1 huevo +1clara) 3 veces por semana máximo
- Carne 100 gr
- Pescado blanco o azul 100gr
- Pan sin sal 60 gr

Postres:
- Fruta Fresca (1 vez al día máximo): * 150 gr (Grupo 5)
- 100 gr (Grupo 6)
-Fruta en compota o en almíbar 150 gr (sin líquido).

C) MERIENDA: (opcional)

.
- Postre Lácteo (Grupo 7)
- Pan sin sal 40 gr _ * Embutido bajo en sal 20gr
- Pan tostado sin sal 30 gr□□* Margarina y/o 25gr mermelada
- Galletas tipo María (5) _ o membrillo.

D) CENA:

Primeros Platos:
- 4 días a la semana: Arroz o Pasta
- 3 días a la semana: * Verduras: * 200 gr (Grupo 1)
- 150 gr (Grupo 2)
- Ensalada: * 200 gr (Grupo 3)
- 150 gr (Grupo 4)

Segundos Platos:

- Huevos (1 huevo +1clara) 3 veces por semana máximo
- Carne 100 gr
- Pescado blanco o azul 100gr.
- Pan sin sal 60 gr

Postres:
- Fruta Fresca (1 vez al día máximo): * 150 gr (Grupo 5)
- 100 gr (Grupo 6)
- Fruta en compota o en almíbar 150 gr (sin líquido).

1.-VERDURAS:

Grupo 1: Berenjena, berza, calabacín, espárragos, espinacas congeladas, guisantes congelados y en lata, judías verdes congeladas, PATATA Verduras congeladas en general.

Grupo 2: Acelga, apio, alcachofas, calabaza, coles de Bruselas, coliflor, espinacas frescas, guisantes frescos, puerro, zanahoria.

2.- ENSALADAS:

Grupo 3: Cebolla, endibia, espárragos, guisantes lata, lechuga, pepino, pimiento verde.

Grupo 4: Aguacate, apio, brotes de soja, escarola,

maíz, rábanos, tomate, zanahoria.

3.- FRUTAS:

Grupo 5: Manzana**,** ciruela, fresas, limón, mandarina, melocotón, pera, sandía.

Grupo 6: Cerezas, higos, melón, mora, naranja, piña fresca, pomelo, uvas.

4.- PRODUCTOS LÁCTEOS:

Grupo 7: Se puede tomar 1 vez al día además de la ración del desayuno. ELEGIR entre:
- 1Yogourth
- 1Natillas
- 1Flan
- 1Arroz con Leche
- 1 Helado de vainilla o nata.

__Alimentos permitidos:__ se pueden tomar en mayor cantidad y número de veces.

__Alimentos__ que deben tomarse *__con precaución:__* ajustándose a las cantidades indicadas.

__Alimentos prohibidos:__ productos integrales, frutos secos, chocolate, albaricoque, plátano.

Las verduras, patatas y legumbres (frescas o congeladas) deben prepararse según lo descrito en la guía: realizando la técnica de REMOJO Y DOBLE COCCIÓN.

DISTRIBUCION DE LOS ALIMENTOS POR GRUPO

Prohibidos	*Autorizados*	*Perjudiciales*	*Líquidos*
Legumbres secas	Pastas	Verduras	Agua
Frutos secos	Arroz	Patatas	Vino
Frutos oleaginosos	Lácteos	Frutas	Cerveza
Embutidos	Dulces caseros	Quesos	Infusiones
Mat. grasas salad	Mat. grasas dulc.	Hortalizas	Café
Mariscos	Huevos	Pescado azul	Leche
Verduras	Carnes	Dulces	Zumos
Conservas	Pescados	Carnes grasas	Refrescos

4.- DESCRIPCION Y NUMERACION DE LA COMIDA/ BARAJA

4.1.- PROHIBIDOS (color rojo)

1, LEGUMBRES SECAS: lentejas, judías blancas, garbanzos.
Sodio   36 mgrs.   Potasio 810 mgrs.
Calorías 340 kcal.   Cantid. recom. 0 grms.
«Los potajes no están indicados por su gran contenido de potasio».

2. FRUTOS SECOS: higos secos, pasas, orejones.
Sodio   34 mgrs.   Potasio 780 mgrs.
Calorías 274 kcal.   Cantid. recom. 0 grms.
«Los frutos secos sólo se pueden utilizar en caso de condimentación».

3. FRUTOS OLEAGINOSOS: almendras, avellanas, cacahuetes, nueces.
Sodio   3 mgrs.   Potasio 690 mgrs.
Calorías 598 kcal.   Cantid. recom. 3 unidades
«Las almendras tan sólo para satisfacer sus apetencias».

4. EMBUTIDOS: salchichón, jamón dulce, chorizo, salami.
Sodio   1500 mgrs.   Potasio 302 mgrs.

Calorías 524 kcal.   Cantid. recom. 20 grms.
«El jamón dulce está preparado con sal».

5. MATERIAS GRASAS: mantequilla salada, bacón, carnes grasas.
Sodio   1300 mgrs.   Potasio 102 mgrs.
Calorías 901 kcal.   Cantid. recom. 0 grms.
«El consumo de materias grasas a largo plazo conduce a complicaciones en el sistema circulatorio».

6. MARISCOS: almejas, ostras, navajas, percebes.
Sodio   121 mgrs.   Potasio 235 mgrs.
Calorías 70 kcal.   Cantid. recom. 1 unidad
«La ebullición de las almejas elimina 1/3 de potasio».

7.   VERDURAS: coliflor,   endibias,   espinacas, alcachofas.
Sodio   53 mgrs.   Potasio 385 mgrs.
Calorías 25 kcal.   Cantid. recom. 100 gris.
«Las espinacas congeladas pierden 112 de potasio en la descongelación».

8. CONSERVAS: atún, sardinas, guisantes.
Sodio   361 mgrs.   Potasio 343 mgrs.
Calorías 290 kcal.   Cantid. recom. 0 unidades
«Todo alimento en lata duplica su composición de sodio y potasio

4.2.-AUTORIZADOS (color verde)

1. PASTAS: macarrones, espagueti, canelones, tallarines,
Sodio   5 mgrs.   Potasio 120 mgrs.
Calorías 400 kcal.   Cantid. recom. 200 grms.
«No condimentar con salsas preparadas tipo ketchut».

2. ARROZ
Sodio   2 mgrs.   Potasio 38 mgrs.
Calorías 109 kcal.   Cantid. recom. 100 grms.
«25 grs. de arroz pesado en crudo pueden cambiarse por 20 grs. de sémola de trigo o maíz».

3. LACTEOS: leche, nata, requesón, yoghurt.
Sodio   38 mgrs.   Potasio 139 mgrs.
Calorías 302 kcal.   Cantid. recom. 100 grms.
«Para mantener una dieta equilibrada, deben consumirse 200 c.c. de productos lácteos como mínimo».

4. DULCES: tartas, bizcocho, rosquilla,
Sodio   40 mgrs.   Potasio 60 mgrs.
Calorías 250 kcal.   Cantid. recom. 100 grms.
«Su elaboración debe ser casera y con productos naturales».

5. **MATERIAS GRASAS DULCES:** mantequilla.
Sodio   10 mgrs.   Potasio 27 mgrs.
Calorías 716 kcal.   Cantid. recom. libre

«La ingesta libre de mantequilla proporciona un importante aporte calórico».

6. HUEVOS
Sodio   135 mgrs.   Potasio 138 mgrs.
Calorías 162 kcal.   Cantid. recom. 1 unidad
«Pesar los alimentos, limpios de piel, cáscaras... ».

7. CARNE: ternera, buey, cordero, pollo.
Sodio   90 mgrs.   Potasio 301 mgrs.
Calorías 164 kcal.   Cantid. recom. 50 grms.
«Condimentar la carne con hierbas aromáticas».

8. PESCADOS: merluza, rape, besugo, lenguado.
Sodio   114 mgrs.   Potasio 294 mgrs.
Calorías 87 kcal.   Cantid. recom. 50 grms.
«Pueden consumirse frescos e) congelados».

4.3.-   PERJUDICIALES   (color amarillo)

1. VERDURAS: judías verdes, espinacas, zanahorias, col.
Sodio   1,7 mgrs,   Potasio 256 mgrs.
Calorías 32 kcal.   Cantid. recom. 100 grins.
«Consumirlas preferentemente cocidas, cambiando el agua dos veces».

2. PATATAS
Sodio   3 mgrs.   Potasio 210 mgrs.

Calorías 76 kcal.   Cantid. recom. 50 grms.
«Peladas y puestas en remojo 30 min. pierden el 75 % de K».

3. FRUTAS: naranja, melocotón, manzana, plátano, pera,
Sodio   2 mgrs.   Potasio 100 mgrs.
Calorías 47 kcal.   Cantid. recom, 1 unidad
«Consumirlas en forma de compota, mermelada casera»,

4. QUESOS: camembert, emmental, gorgonzola.
Sodio   1150 rngrs.   Potasio 100 rngrs.
Calorías 287 kcal.   Cantid. recom. 50 grms.
«Deben consumirse de forma excepcional».

5. HORTALIZAS: cebolla, tomate, rábano, pepino.
Sodio   10 rngrs.   Potasio 130 rngrs.
Calorías 38 kcal.   Cantid, recom. 50 grms.
«Sólo para la condimentación, sofritos, guisados... ».

6. PESCADO AZUL: anchoa, boquerón, sardina.
Sodio   137 mgrs.   Potasio 320 mgrs.
Calorías 141 kcal.   Cantid. recom, 100 grins.
«El pescado azul debe ser fresco».

7. DULCES: mazapán, turrón, helados, chocolate.
Sodio   5 mgrs.   Potasio 209 mgrs.
Calorías 428 kcal.   Cantid. recom. ver consejo
«Deben consumirse con prudencia y moderación».

8. CARNES GRASAS: extractos de carnes, despojos.
Sodio   120 mgrs.   Potasio 230 mgrs.
Calorías 124 kcal.   Cantid. recom. 50 guns.
«No deben codimentarse con sales de régimen».

4.4.-LIQUIDOS (color azul)

1. AGUA: minerales, bicarbonatadas, vichy.
Sodio   125 mgrs.   Potasio 40 mgrs.
Calorías   4 kcal.   Cantid. recom. 500 c,c.
«Es el principal responsable del aumento de peso».

2. VINO
Sodio   5 mgrs.   Potasio 70 mgrs.
Calorías 90 kcal.   Cantid. recom. 1 vaso
«Puede beber un vaso de vino pequeño al día».

3. CERVEZA
Sodio   5 mgrs.   Potasio 38 mgrs.
Calorías 47 kcal.   Cantid. recom. 1 vaso
«Deben tomarse en copa pequeña para reducir su volumen

4. INFUSIONES: té, poleo, manzanilla.
Sodio   2 mgrs.   Potasio 16 mgrs.
Calorías 2 kcal.   Cantid. recom. ver consejo
«El total diario de líquidos no puede sobrepasar el limite establecido».

5. CAFE: helado, con leche, solo.

Sodio   6 mgrs.   Potasio 80 mgrs.
Calorías 5 kcal.   Cantid. recom. ver consejo
«La cantidad de café helado es igual al volumen líquido».

6. LECHE: pasteurizada, fresca.
Sodio   139 rngrs.   Potasio 65 rngrs.
Calorías 64 kcal.   Cantid. recom. 200 c.c.
«La leche debe tomarse con azúcar o miel para aumentar su aporte calórico»

7. ZUMOS: naranja, piña, pera, melocotón.
Sodio   2 mgrs.   Potasio 250 mgrs.
Calorías 67 kcal.   Cantid. recom. 50 c.c.
«Las licuadoras aumentan el concentrado de potasio».

8. REFRESCOS: coca-cola, fanta, trinaranjus.
Sodio   1 mgrs.   Potasio 8 rngrs.
Calorías 46 kcal.   Cantid. recom. 50 c.c.
«No sobrepasar el límite total diario».

BIBLIOGRAFIA

1. Alarcón, A. (2004). La personalidad del paciente y el apoyo psicosocial. En A. Alarcón (Ed.), *Aspectos psicosociales del paciente renal*. Bogotá: Clínica Marly.

2. Alarcón, C., Aguilar, O., Jiménez, A. & Manrique, C. (2002). La calidad de vida en pacientes con trasplante renal, medida a través del índice de Karnofsky en un hospital general. *Revista de la Asociación Mexicana de Medicina Crítica y Terapia Intensiva*, 16, 119-123.

3. Alonso, J. (1999).*Cuestionario de salud SF-36: versión española 1.4*. Barcelona: I.M.I.M.

4. Alonso, J., Prieto, L. & Antó, J. (1995). La versión española del SF-36. Health Survey (Cuestionario de salud SF-36): Un instrumento para la medida de los resultados clínicos. *Medicina clínica*, 104, 771-776.

5. Álvarez, F., Fernández, M., Vázquez, A., Mon, C., Sánchez, R. & Rebollo, P. (2001). Síntomas físicos y trastornos emocionales en pacientes en programa de hemodiálisis periódicas. *Nefrología*, 21, 191-199.

6. Alvarez-Ude, F. (2001). Factores asociados al estado de salud percibido (calidad de vida relacionada con la salud) de los pacientes en hemodiálisis crónica. *Revista de la Sociedad Española de Enfermería Nefrológica*, 14, 64-68.

7. Amigo, I., Fernández, C. & Pérez, M. (2003). *Manual de psicología de la salud*. Madrid: Pirámide.

8. Arenas, M., Moreno, E., Reig, A., Millán, I., Egea, J., Amoedo, M., Gil, M. & Sirvent, A. (2004). Evaluación de la calidad de vida relacionada con la salud mediante las láminas Coop-Wonca en una población de hemodiálisis. *Revista de la Sociedad Española de Nefrología*, 24, 470-479.

9. Badia, X. & Lizán, L. (2003). Estudios de calidad de vida. En A. Martín & J. Cano (Eds.). *Atención primaria: Conceptos, organización y práctica clínica*. Madrid: Elsevier.

10. Barrios, M., Cuenca, I., Devia, M., Franco, C., Guzman, O., Niño, A., Restrepo, G., Rodas, C. & Trujillo, L. (2004). *Manual de capacitación del paciente en diálisis peritoneal*. Bogotá: Often Gráfico.

11. Borrero, J., Vea, M. & Rubio, L. (2003). Hemodiálisis. En J. Borrero, J. Restrepo, W. Rojas & H. Vélez (Eds.) *Nefrología*. Medellín: Corporación para Investigaciones Biológicas.

12. Bremer, C., McCauley, C., Wrona, R. & Johnson, J. (1989). Quality of life in end-stage renal disease: a reexamination. *American Journal of Kidney Diseases*, 13(3), 200-209.

13. Burgos, F., Pascual, J., Gómez, V., Orofino, L., Liaño, F. & Oruño, J. (1997). Effect of kidney transplantation and ciclosporine treatment on male sexual performance and hormonal profile: a prospective study. *Transplantation Proceeding*, 29, 227-228.

14. Castillo, A. & Arocha, C. (2001). La calidad de vida en salud en el período revolucionario, *Revista cubana de salud pública*, 27, 45-49.

15. Cidoncha, M., Estévez, I., Marín, J., Anduela, M., Subyaga, G. & Diez de Baldeón, S. (2003). *Calidad de vida en pacientes en hemodiálisis*. Comunicaciones presentadas al XXVIII Congreso Nacional de la Sociedad Española de Enfermería Nefrológica.

16. Chávez R. (2001). *Evaluación de la calidad de vida en los pacientes en hemodiálisis con el uso de eritropoyetina*. Resumen recuperado el 12 de octubre de 2005, de http://www.uninet.edu/cin2001/html/paper/chavez.html.

17. Christensen, A. & Ehlers, S. (2002). Psychological Factor in end-stage renal disease: An emerging context for behavioral medicine research. *Journal of Consulting and Clinical Psychology*, 70, 712-734.

18. Cvengros, J., Christensen, A. & Lawton, W. (2004). The role of perceived control and preference for control in adherence to a chronic medical regimen. *Annals of Behavioral Medicine*, 27(3), 155-161

19. Fernández, S., Martín, A., Barbas, M., González, M., Alonso, M. & Ortega, M. (2005). Accesos vasculares y calidad de vida en la enfermedad crónica renal terminal. *Revista de la Sociedad Española de Nefrología*, 57, 185-198.

20. García, F., Fajardo, C., Guevara, R., González, V. & Hurtado, A. (2002). Mala adherencia a la dieta en hemodiálisis: papel de los síntomas ansiosos y depresivos. *Nefrología*, 22, 245-252.

21. García, H. & Lugo, L. (2002). *Adaptación cultural y fiabilidad del instrumento de calidad de vida SF-36 en instituciones de Medellín*. Tesis de Maestría: Facultad Nacional de Salud Pública.

22. Gil, J., Cunqueiro, M., García, J., Foronda, J., Borrego, M., Sánchez Perales, P., Pérez del Barrio, J., Borrego, G., Viedma, A., Liébana, S., Ortega & Pérez V. (2003). Calidad de vida relacionada con la salud en pacientes ancianos en hemodiálisis. *Nefrología*, 23, 528-537.

23. Gómez-Vela, M. & Sabeth E. (2002). *Calidad de vida. Evolución del concepto y su influencia en la investigación y la práctica*. Publicaciones del inicio, 1-7.

24. González, V. & Lobo, N. (2001). Calidad de vida en los pacientes con insuficiencia renal crónica terminal en tratamiento sustitutivo de hemodiálisis. Aproximación a un proyecto integral de apoyo. *Revista de la Sociedad Española de Enfermería Nefrológica*, 4, 6-12.

25. Gutman, R., Stead, W. & Robinson, R. (1981). Physical activity and employment status of patients on maintenance dialysis. *The New England Journal of Medicine*, 304, 309-313.

26. Hailey, B. & Moss, S. (2000). Compliance behaviour in patients undergoing haemodialysis: A review of the literature. *Psychology Health & Medicine*, 5, 395-406.

27. Hersh-Rifkin, M. & Stoner, M. H. (2005). Psychosocial aspects of dialysis therapy. En J. Kallenbach, C. Gutch, M. Stoner & A. Corea. (Eds.) *Review of hemodialysis for nurses and dialysis personnnel*. St Louis, MO: Mosby Inc.

28. Johnson, J., McCauley, C. & Copley, J. (1982). The quality of life of hemodialysis and transplant patients. *Kidney International*, 22(3), 286-291.

29. Kaveh, K. & Kimmel, P. (2001). Compliance in hemodialysis patients: multidimensional measures in search of a gold standar. *American Journal of Kidney Diseases*, 37(2), 244-266.

30. Khechane, N. & Mwaba, K. (2004). Treatment adherence and coping with stress among Black South African Haemodialysis patients. *Social Behavior and Personality Journal*, 32(8), 777-782.

31. Kimmel, P. (2001). Psychosocial factors in dialysis patients. *Kidney International*, 60(3), 1201-1202.

32. Kulik, J., & Mahler, H. (1993). Emotional support as a moderator of adjustment and compliance after coronary bypass surgery: A longitudinal study. *Journal of Behavioral Medicine*, 16, 45-63.

33. Lindqvist, R. & Sjoden, P. (1998). Coping strategies and quality of life among patient on continuous ambulatory peritoneal dialysis. *Journal of Advanced Nursing*, 27, 312-319.

34. Martín, F., Reig, A., Sarró, F., Ferrer, R., Arenas, D., González, F. & Gil, T. (2004). Evaluación de la calidad de vida en pacientes de una unidad de hemodiálisis con el cuestionario Kidney Disease Quality of Life – Short Form (KDQOL-SF). *Revista diálisis y trasplante*, 25(2), 79-92.

35. Mittal, S., Ahern, L., Flaster, E., Maesaka, J. & Fishbane, S. (2001). Self-assessed physical and mental function of haemodialysis patients. *Nephrology Dialysis Transplantation*, 16, 1387-1394.

36. Nin Ferrari, J. (2001). Calidad de vida en hemodiálisis. *Salud militar*, 23(1).

37. Organización Mundial de la Salud. (2004). *Adherencia a los tratamientos a largo plazo: Pruebas para la acción.* Washington, DC.

38. Ortega, N. & Martínez, M. (2002). Bienestar psicológico como factor de dependencia en hemodiálisis. *Revista Enfermería*, 10, 17-20.

39. Oto, A., Muñoz, R., Barrio, R., Pérez, M. & Matad, T. (2003). *Calidad de vida en pacientes en hemodiálisis: Influencia del estado de ansiedaddepresión y de otros factores de co-morbilidad. Comunicaciones presentadas al XXVIII Congreso Nacional de la Sociedad Española de Enfermería Nefrológica.* Barcelona: Hospal.

39. Pérez, J., Llamas, F. & Legido, A. (2005). Insuficiencia renal crónica: revisión y tratamiento conservador. *Archivos de Medicina*, 1(3), 1-10.

40. Porter, G. (1994). Assessing the outcome of rehabilitation in patients with end-stage renal disease. American *Journal of Kidney Diseases*, 24(1), supplement 1, 22-27.

41. Rodríguez-Marín, J. (1995). Efectos de la interacción entre el profesional sanitario y el paciente. Satisfacción del paciente. Cumplimiento de las prescripciones terapéuticas. En J. Rodríguez-Marín (Ed.) *Psicología social de la salud.* Madrid: Síntesis.

42. Rorer, B., Tucker, C. & Blake, H. (1988). Long term nursepatient interactions: Factors in patient compliance or noncompliance to the dietary regimen. *Health Psychology*, 7, 35-46.

43. Ruiz, M. & Castelo, S. (2003). Diálisis peritoneal. En J. Borrero, J. Restrepo, W. Rojas & H. Vélez. (Eds.) *Nefrología.* Medellín: Corporación para Investigaciones Biológicas.

44. Ruiz, M., Román, M., Martín, G., Alférez, M. & Prieto, D. (2003). Calidad de vida relacionada con la salud en las diferentes terapias sustitutivas de la insuficiencia renal crónica. *Sociedad Española de Enfermería Nefrológica*, 6, 222-232.

45. Sanabria, R., (2003) Calidad de vida en pacientes con insuficiencia renal crónica. En Borrero, Restrepo, Rojas & Vélez. (Eds.) *Nefrología.* Medellín: Corporación para Investigaciones Biológicas.

46. Schneider, M., Friend, R., Whitaker, P. & Wadhwa, N. (1991). Fluid noncompliance and symptomatology in endstage renal disease: cognitive and emotional variables. *Health Psychology*, 10(3), 209-215.

47. Sjoden, P. & Lindqvist, R. (2000). Coping strategies and health-related quality of life among spouses of continuous ambulatory peritoneal dialysis, hemodialysis and transplant patients. *Journal of Advanced Nursing*, 31(6), 1389-1408.

48. Suet-Ching L. (2001). The quality of life for Hong Kong dialysis patients. *Journal of advanced Nursing*, 35, 218-227.

49. Suh, M., Kim, S., Park, J. & Yang, W. (2002). Effects of regular exercise on anxiety, depression, and quality of life in maintenance hemodialysis Patients, *Journal Renal Failure*, 24, 337-345.

50. Schwartzmann, L., Olaizola, I., Guerra, A., Dergazarian, S., Francolino, C., Porley, G. & Ceretti, T. (1999). Validación de un instrumento para medir calidad de vida en hemodiálisis crónica: Perfil de impacto de la enfermedad. *Revista médica de Uruguay*, 15, 103-109.

51. Tovbin, D., Gidron, Y., Granovsky, R. & Schnieder, A. (2003). Relative importance and interrelations between psychosocial factors and individualized quality of life of hemodialysis patients. *Quality of Life Research*, 12, 709-717.

52. Valderrabano F., Jofre, R. & López-Gómez, J. (2001). Quality of life in end-stage renal disease patients. *American Journal of Kidney Diseases*, 38(3), 443-464.

53. Vásquez, I., Valderrabano, F., Fort, J., Jofré, R., López, M., Gómez, J., Moreno, F. & Guajardo, D. (2004). Diferencias en la calidad de vida relacionada con la salud entre hombres y mujeres en tratamiento en hemodiálisis. *Sociedad Española de Nefrología*, 24, 167-178.

54. Velarde, E. & Avila, C. (2002). Evaluación de la calidad de vida. Salud pública de México, 44(4), 349-361.

55. Vinaccia, S., Fernández, H., Escobar, O., Calle, E., Andrade, I., Contreras, F. & Tobón, S. (2006). Calidad de vida y conducta de enfermedad en pacientes con diabetes mellitus tipo II. *Suma Psicológica*, 13, 15-31.

56. Keith Lassner. Patient Teaching Manual. Ed, Epringhouse Cirp. 1987.

57. A. Martin Zurro/J. F. Cano Pérez, Manual de Atención Primaria. Ed, Doyma, 1988.

58. Roy Sister Callista. Adaptation limplications for Curriculum Change. Nursing Outbook, vol. 21, Núm, 3, 1973 (163 168).

59. T, H. Holmes/R. H. Roe. Pergamon Press l_tc1 llie Social Readjustement Scale. Journal of Psychosomatic Research 11: 213-218, 1967.

60. Abbout Laboratories. Fluid and Electrolytes. Chicago Abboutt Laboratories. 1967.

61. Bisean. Dietética y Nutrición en la Insuficiencia Renal. Revista núm. 12, 3er, trimestre. Sociedad Española Enfermería Nefrológica, 1982.

62 Bisean. Modelos de Dieta para Pacientes con IRC en Programa de HD. Bisean 4 Trim. 1983.

63. Abraharrison E. M./A. W. Pezet. Body Mind and Sugar. New York Hold, Rineliart 5 Wilson 1972.

64. Cameron Steward/Allisson Russeli/Diane Sale. Neplirology for Nurses. New York: Medical Examitio Co Inc. 1976.

65. Campbell Claire. Tratado de Enfermería Diagnósticos y Métodos. Barcelona, Ed. Doyma. 1987.

66. Márquez Benítez,J.: "Guía del Paciente Renal" ALCER BADAJOZ. Edita Diputación de Badajoz, 2ª ed., 1966.

67. Noriega, C.: " La Alimentación en Diálisis". Gráficas. Seprisa 1992.

68. Almandoz Berraondo, C., López Aranjuelo, F.: " Alimentación en la Hemodiálisis". Ministerio de Sanidad y Consumo, 1990.

69. Russolillo, G.: " Guías Dietéticas para Pacientes Dializados y Trasplantados de Riñón". Edita Alcer Navarra, 1999.

70. Russolillo, G., Remiro, L.: Sección de Dietética revista Alcer Navarra. Edita Alcer Navarra, 1998: nº 1,2,3,4.

71. Russolillo, G.: "Sección de Dietética revista Alcer Federación. Edita Alcer Federación, 2001.

72. Andrés,J., Fortuny, C.,: "Cuidados de Enfermería en la Insuficiencia Renal". Edita: Gallery / healthCom, S.A.1993.

73. Hospital 12 de Octubre.: "Manual del Paciente con Insuficiencia Renal Crónica".